COMPTABILITÉ AGRICOLE.

COMPTES

de M. ___________

Cultivateur à ___________

ANNÉE 187 .

En vente chez M. N. GROSJEAN, Libraire

Imp. G. Crépin-Leblond — Nancy

place Stanislas, 7

GUIDE-REGISTRE

DE

COMPTABILITÉ AGRICOLE

PAR M. ABOUT

Instituteur à Saint-Max près de Nancy (Meurthe-et-Moselle)

NANCY

TYPOGRAPHIE G. CRÉPIN-LEBLOND, 14, GRANDE-RUE (VILLE-VIEILLE)

—

1873

INTRODUCTION.

On parle souvent de l'importance de la comptabilité, et certes, rien ne démontre plus l'ordre dans les affaires qu'un contrôle sérieux des opérations commerciales et industrielles.

Tous les commerçants tiennent ordinairement des registres, en partie double qui établissent à la fin de l'année le compte des profits et pertes de leur commerce ou de leur industrie.

Il n'en est pas de même chez tous les cultivateurs, et il en est bon nombre qui oublient ou plutôt qui négligent d'établir l'inventaire de leur matériel de culture et celui de leurs denrées agricoles, ainsi que le compte des dépenses occasionnées par les travaux de leur exploitation ; ils tiennent à peine un petit registre-journal sur lequel ils inscrivent le montant des sommes qu'ils versent comme salaire à leurs ouvriers. Cet état de chose est nécessairement préjudiciable aux cultivateurs et aux fermiers ; ils doivent se persuader qu'ils sont fabricants de denrées agricoles, et pour connaître à fond le résultat de leurs opérations et le prix de revient de leurs produits ; ils doivent sentir eux-mêmes combien il est nécessaire de tenir une comptabilité agricole régulière contrôlant les unes par les autres toutes leurs opérations.

Nous savons que l'idée de contrôler son propre travail ne peut venir qu'à celui qui a déjà l'esprit cultivé, et quoique la plupart de ces agriculteurs soient de ces esprits-là, nous pensons qu'il est d'une utilité de premier ordre d'appeler sérieusement leur attention sur ce sujet, si peu attrayant pour l'homme absorbé par les travaux actifs auxquels il se livre.

Aussi, pour mettre la comptabilité agricole à la portée de tous, nous nous contenterons d'établir un modèle de comptabilité simple à l'usage du cultivateur et du propriétaire, leur facilitant la tenue de leurs écritures.

Pour ceux qui voudront tenir une comptabilité en partie double, nous leur conseillerons d'avoir recours aux ouvrages spéciaux tels que MM. Mathieu de Dombasle, Balo, Bau (Bade).

Dès son entrée dans une ferme, le cultivateur doit procéder à un inventaire et estimer au taux moyens, en valeur argent, et article par article, tous les objets destinés à son exploitation : car l'homme qui se lance dans une entreprise agricole sans s'appuyer sur une comptabilité régulière, est exposé à ignorer lui-même l'état de ses affaires et à se trouver à l'heure où il s'y attend le moins dans une situation aussi embarrassante que dangereuse.

En résumé, le cultivateur, soit qu'il administre son propre bien, soit qu'il exploite pour le compte d'un autre, doit, dès le principe, procéder à un inventaire général et le renouveler annuellement, en se conformant aux tableaux ci-après ; et en suivant cette marche, il connaîtra constamment où en est sa situation financière.

INVENTAIRE.

FORMULE.

INVENTAIRE GÉNÉRAL *au 1ᵉʳ Janvier 1871 de tous les objets mobiliers, instruments aratoires, meubles, bestiaux, grains, fourrages, argent en caisse et créances et en défalquer le passif d'un Fermier exploitant une ferme de 80 hectares.*

ACTIF.

Bétail.

16 Chevaux avec harnais........................	6,000 fr.	
6 Poulains de 1 à 3 ans........................	2,200	
18 Vaches laitières	7,200	
6 Bœufs de trait..............................	2,250	
4 Bœufs de graisse...........................	2,400	26,490 fr.
14 Génisses et un taureau.....................	3,000	
6 Godins.....................................	1,200	
140 Moutons..................................	2,240	

Matériel de culture.

4 Voitures avec échelles......................	1,000 fr.	
4 Charrues montées..........................	450	
5 Herses et 1 rouleau........................	160	
Chaînes, balances, fourches, etc..............	200	2,990 fr.
1 Tombereau.................................	80	
Une machine à battre.........................	700	
Instruments perfectionnés....................	400	
A reporter..................	29,480 fr.	

Report.............. 29,480 fr.

Ensemencements et cultures.

Ensemencement de vingt hectares de blé............. 5,000 fr.
    Idem   d'un hectare de seigle.............. 200
    Idem   de trois hectares de colza............ 1,000
    Idem   de sainfoin, luzerne et trèfle........ 1,200
Cultures faites à divers........................... 1,200

} 8,750 fr.

Mobilier.

Literie....................................... 2,000 fr.
Lingerie, sacs, toile.......................... 2,000
Mobilier personnel et ustensiles.............. 3,500
Dix hectolitres de vin........................ 300
Tonneaux, cuves, et autres objets............. 200
Bois et fagots................................ 250

} 8,450 fr.

Marchandises en magasin.

500 Quintaux		de foin, à 7 fr. l'un..................	3,500 fr.
600	id.	de paille, à 4 fr. l'un...............	2,400
100	id.	de blé, à 30 fr. l'un	3,000
100	id.	d'avoine, à 15 fr. l'un...............	1,500
20	id.	de pois, à 20 fr. l'un................	400
10	id.	de féveroles, à 16 fr. l'un...........	160
100	id.	de regain, à 4 fr. l'un	400
3	id.	de semence de trèfle, à 100 fr. l'un...	300
4	id.	de semence de sainfoin, à 25 fr. l'un...	100
200	id.	de pommes de terre, à 6 fr. l'un.....	1,200
400	id.	de betteraves, à 1 fr. 50 c. l'un........	600
50 Voitures		de fumier.............................	350

} 13,910 fr.

A reporter.............. 60,590 fr.

Report............... 60,590 fr.

Argent en caisse, effets et immeubles.

Espèces en caisse................................	3,700 fr.	
Un billet de M. Aron, payable le 1er juillet........	1,800	
Un billet de M. Lewy, payable le 1er septembre...	1,200	36,800 fr.
Valeur actuelle de l'immeuble......................	30,000	
Un ouvrier redoit d'après compte réglé............	100	

Basse-cour.

6 Porcs gras....................................	800 fr.	
6 Petits porcs...................................	200	
Une truie avec 10 petits..........................	200	
12 Oies...	40	1,580 fr.
20 Canards......................................	30	
40 Poules.......................................	60	
Un rucher garni de 15 paniers....................	250	

TOTAL GÉNÉRAL DE L'ACTIF......... 98,970 fr.

Le montant de l'actif du Fermier, au 1er janvier 1871, étant de 98,970 fr. il suffit d'établir l'inventaire du *passif* et le défalquer de celui de l'*actif*, ce qui fera connaître la situation financière du Fermier.

INVENTAIRE GÉNÉRAL *du passif, au* 1er *janvier* 1871, *d'un Fermier exploitant une ferme de* 80 *hectares.*

PASSIF.

—

Dettes à payer par contrat.

Au propriétaire de la ferme pour canon échu..........	4,000 fr.	
Au même, pour redevance d'un canon antérieur........	1,200	5,200 fr.

Dettes à payer par effets.

A M. Job, pour achat de bestiaux..................	3,800 fr.	
A M. Abraham, pour achat de moutons..............	1,700	5,500 fr.

Dettes à payer par comptes.

Au charron..................................	420 fr.	
Au maréchal................................	660	
Au bourrelier...............................	360	
Au vétérinaire..............................	180	
Au charpentier pour ouvrages fait à la ferme.........	220	5,670 fr.
Aux manœuvres pour faucillages, fauchages, journées et autres................................	2,230	
A la servante pour son gage.....................	200	
Aux domestiques pour solde des gages..............	1,400	

A *reporter*............... 16,370 fr.

Report des dettes à payer par comptes... 16,370 fr.

A l'épicier pour diverses marchandises suivant facture.. .240

Au cordonnier et autres........................... 350 } 710 fr.

Pour contribution directe......................... 120

TOTAL GÉNÉRAL DU PASSIF............... 17,080 fr.

Le montant de l'*actif* étant de....................| 98,970 fr.
Celui du *passif* étant de.........................| 17,080
Le capital net de l'*actif* est de..........,.| 81,890 fr.

Le montant du capital du fermier est donc de 81,890 francs.

Il lui suffira au bout de l'année de renouveler son inventaire de l'actif et du passif, ce qui le mettra toujours au courant de sa situation.

INVENTAIRE.

INVENTAIRE GÉNÉRAL *au* 1ᵉʳ *janvier* 187 , *de M.* —————

Cultivateur à ———————— *, de tous les objets mobiliers, instruments aratoires, meubles, bestiaux, grains, fourrages, argent en caisse et créances, composant son matériel de culture.*

ACTIF.

Bétail.

Chevaux avec harnais (1).....................

Poulains de   ans à   ans..............

Vaches laitières.........................

Bœufs de trait.........................

Bœufs de graisse.........................

Génisses..............................

Godins...............................

Moutons..............................

Matériel de culture.

Voitures avec échelles...................

Charrues montées.......................

Herses...............................

Rouleau..............................

Une machine à battre....................

Instruments perfectionnés................

(2)

Ensemencements et cultures.

Ensemencement de   hectares de blé.....

     Id.   de   hectares de seigle.....

     Id.   de   hectares de colza.....

     Id.   de   hectolitres de sain-
foin, trèfle et luzerne....................

Cultures faites à divers...................

A reporter......................

(1) Les objets que l'on ne possédera pas, on laissera l'estimation en blanc.
(2) Si l'on possède du matériel en plus, on l'inscrira à la plume.

— Année 187 .

Report ....

Marchandises en magasins.

Quintaux de foin, à   fr ....

    id.   de paille, à   fr ....

    id.   de blé, à   fr ....

    id.   d'avoine, à   fr ....

    id.   de pois, à   fr ....

    id.   de regain, à   fr ....

    id.   de pommes de terre, à   fr ....

    id.   de betteraves, à   fr ....

    id.   de semence de trèfle et luzerne,

à   fr ....

Voitures de fumier ....

Argent en caisse, effets et immeubles.

Argent en caisse ....

Espèces en caisse ....

Un billet de M. —————————— , payable

  le ——————————— ....

Valeur actuelle de l'immeuble ....

Il est redu pour comptes réglés ....

Basse-cour.

Porcs gras ....

Petits porcs ....

Truies ....

Oies ....

Canards ....

Poules ....

1 Rucher garni de   paniers ....

Tolal général de l'Actif ....

INVENTAiRE DU PASSIF, *au 1ᵉʳ janvier 187   , de M.* ______________
Cultivateur à ___________________________ .

PASSIF.

—

Dettes à payer par contrat.

Au propriétaire de la ferme, pour canon échu.. ____________)
Au même, pour redevance d'un canon antérieur. ____________)

Dettes à payer par effets.

A M. ____________ pour achat de bestiaux. ____________)
A M. ____________ pour achat de moutons. ____________)

Dettes à payer par comptes.

Au charron...................................... ____________
Au maréchal .... ____________
Au vétérinaire................................. ____________
Au bourrelier.................................. ____________
Au charpentier................................. ____________
Aux manœuvres de la ferme...................... ____________
Pour faucillage, fauchage, journées, etc....... ____________
A la servante, pour son gage................... ____________
Aux domestiques, pour solde de gages........... ____________
A l'épicier, d'après facture................... ____________
Au cordonnier et autres........................ ____________
Pour contributions............................. ____________

TOTAL GÉNÉRAL DU PASSIF........

Le montant de l'actif est de......................
Celui du passif de................................
Le capital net est de.............................

FORMATION DU BUDGET DE FAMILLE DU FERMIER.

Le travail de la comptabilité agricole serait incomplet si on négligeait d'établir le Budget de famille qui comprend le détail et les chiffres de toutes les recettes et de toutes les dépenses journalières de l'année en établissant pour chaque mois les recettes sur une page d'un registre et les dépenses sur une autre en faisant le total à la fin du mois pour en transcrire le report en tête des pages du mois suivant. Ainsi, à la fin de chaque année, c'est-à-dire le 31 décembre, le cultivateur pourra se rendre compte des dépenses et des recettes de son ménage ; dépenses et recettes qui doivent figurer en bloc à son inventaire général.

Pour donner aux jeunes gens de la campagne des habitudes d'ordre et de comptabilité, les fermiers devront charger leurs fils de dresser annuellement l'inventaire de tout le matériel de culture. Les fermiers feront de même pour leurs filles et les chargeront du soin d'inscrire les recettes et les dépenses journalières au budget de famille.

C'est vers l'âge de douze à quinze ans que les enfants, en quittant les bancs des écoles primaires, devront comprendre l'importance des intérêts du ménage et de l'exploitation, et contracter des habitudes de travail, d'ordre et de vie intérieure qui, plus tard, leur faciliteront l'accomplissement de leurs devoirs et assureront le succès de leurs entreprises.

De ces bonnes habitudes, les jeunes gens conserveront l'amour du foyer paternel, et bon nombre d'entre eux n'auront plus cette funeste idée de quitter la campagne pour aller habiter les grands centres.

C'est à tous ces points de vue que nous publions ce travail de comptabilité agricole.

Formule du Budget de famille.

RECETTES.

Mois de janvier 1871.

DATE du MOIS.	DÉTAIL DES RECETTES.	MONTANT des RECETTES	
		francs.	cent.
1	Espèces en caisse portées à l'inventaire	3.700	»
2	Vente du marché, 12 kilog. de beurre	24	»
2	12 fromages et 12 douzaines d'œufs	13	80
4	Vente d'un cheval	200	»
6	Vente d'un porc gras	120	»
9	Vente du marché, 14 kilog. de beurre	30	80
9	4 douzaines d'œufs et 12 fromages	7	»
12	Vente de 15 quintaux de blé	450	»
13	Vente de 6 poulets et 3 canards	17	»
15	Vente de 4 peaux de moutons	12	»
16	Vente du marché, 7 kilog. de beurre	15	40
16	Vente de 6 douzaines d'œufs et 10 fromages	7	50
16	Vente de 4 hectolitres d'orge	56	»
18	Vente de 2 hectolitres de pois	32	»
20	Vente du marché, 8 kilog. de beurre et 10 fromages	20	10
23	Vente de 12 quintaux d'avoine	192	»
25	Vente d'un veau	65	»
27	Vente d'un bœuf	400	»
29	Vente du marché, 9 kil. de beurre et 6 douzaine d'œufs (1)	25	80
30	Recettes de la feuille supplémentaire s'il y a lieu (2)		
	Total en recettes	5.288	40

(1) Pour abréger les écritures, on peut comprendre l'estimation de plusieurs articles à la fois.

(2) Si la page est insuffisante, on aura recours aux feuilles supplémentaires tracées à la suite du budget, et on en fera le report avec le total ci-dessus.

DÉPENSES.

Mois de janvier 1871.

DATE du MOIS.	DÉTAIL DES DÉPENSES.	MONTANT des DÉPENSES.	
		francs.	cent.
1	Achat d'habillements	79	»
2	Écolage et fournitures	12	»
3	Frais de voyages	25	»
4	Payé pour achat de vin	300	»
5	Payé pour achat de bois	50	»
5	Payé à la couturière	9	50
6	Payé pour achat de 12 agneaux	156	»
8	Payé pour semence d'avoine	200	»
10	Payé pour chargeage au fumier	12	»
12	Payé pour viande au boucher	15	»
13	Payé la facture de l'épicier	18	»
15	Payé au tailleur	10	»
16	Payé au cordonnier pour divers raccommodages	13	»
17	A la servante pour à-compte de son gage	10	»
18	Au meunier pour mouture	23	50
20	Au jardinier pour 8 journées	16	»
22	Achat de 4 quintaux de son	48	»
24	Payé aux lessiveuses	8	»
25	Payé les bancs de l'église	12	50
27	Payé pour frais funèbres	20	»
30	Payé la redevance d'un ancien canon	1.200	»
	Dépenses de la feuille supplémentaire		
	Total des Dépenses	2.237 fr. 50	

Total en Recettes	5.288 fr.	40
Total en Dépenses	2.237	50
Resté en Caisse	3.050	90

Budget de famille du Fermier. - Année 187 .

RECETTES.

MOIS DE JANVIER 187 .

DATE du MOIS.	DÉTAIL DES RECETTES.	MONTANT des RECETTES.	
		fr.	cent.
1	Espèces en Caisse portées à l'inventaire..............	—	—
	Total en Recettes..........	—	—

DÉPENSES.

MOIS DE JANVIER 187 .

DATE du MOIS.	DÉTAIL DES DÉPENSES.	MONTANT des DÉPENSES.	
		fr.	cent.
	Total en Dépenses............	—	—
	Total en Recettes.........	—	
	Total en Dépenses.........	—	
	Reste en Caisse........	—	—

Budget de famille

RECETTES.

MOIS DE FÉVRIER 187

DATE du MOIS.	DÉTAIL DES RECETTES.	MONTANT des RECETTES.	
		fr.	cent.
1	Espèces en Caisse..................................		
	Total en Recettes............		

du Fermier. — Année 187 .

DÉPENSES.

MOIS DE FÉVRIER 187

DATE du MOIS.	DÉTAIL DES DÉPENSES.	MONTANT des DÉPENSES.	
		fr.	cent.
	Total en Dépenses............		
	Total en Recettes.........		
	Total en Dépenses........		
	Reste en caisse.......		

Budget de famille du Fermier. — Année 187 .

RECETTES.

MOIS DE MARS 187 .

DATE du MOIS.	DÉTAIL DES RECETTES.	MONTANT des RECETTES.	
		fr.	cent.
1	Espèces en Caisse............................		
	Total en Recettes..........		

DÉPENSES.

MOIS DE MARS 187 .

DATE du MOIS.	DÉTAIL DES DÉPENSES.	MONTANT des DÉPENSES.	
		fr.	cent.
	Total en Dépenses..........		
	Total en Recettes.........		
	Total en Dépenses........		
	Reste en Caisse.......		

Budget de famille

RECETTES.

MOIS D'AVRIL 187 .

DATE du MOIS.	DÉTAIL DES RECETTES.	MONTANT des RECETTES.	
		fr.	cent.
1	Espèces en Caisse..............................		
	Total en Recettes..........		

du Fermier. — Année 187 .

DÉPENSES.

MOIS D'AVRIL 187 .

DATE du MOIS.	DÉTAIL DES DÉPENSES.	MONTANT des RECETTES.	
		fr.	cent.
	Total des Dépenses...........		
	Total des Recettes........		
	Total des Dépenses........		
	Reste en Caisse........		

Budget de famille

RECETTES.

MOIS DE MAI 187 .

DATE du MOIS.	DÉTAIL DES RECETTES.	MONTANT des RECETTES.	
		fr.	cent.
1	Espèces en Caisse............................		
	Total en Recettes.........		

du Fermier. - Année 187 .

DÉPENSES.

MOIS DE MAI 187 .

DATE du MOIS.	DÉTAIL DES DÉPENSES.	MONTANT des DÉPENSES.	
		fr.	cent.
	Total en Dépenses............		
	Total en Recettes.........		
	Total en Dépenses........		
	Reste en Caisse......		

Budget de famille

RECETTES.

MOIS DE JUIN 187 .

DATE du MOIS.	DÉTAIL DES RECETTES.	MONTANT des RECETTES.	
		fr.	cent.
1	Espèces en Caisse..........................		
	Total en Recettes..........		

du Fermier. - Année 187 .

DÉPENSES.

MOIS DE JUIN 187 .

DATE du MOIS.	DÉTAIL DES DÉPENSES.	MONTANT des DÉPENSES.	
		fr.	cent.
	Total en Dépenses............		
	Total en Recettes.........		
	Total en Dépenses........		
	Reste en Caisse......		

Budget de famille du Fermier. — Année 187 .

RECETTES.

MOIS DE JUILLET 187 .

DATE du MOIS.	DÉTAIL DES RECETTES.	MONTANT des RECETTES.	
		fr.	cent.
1	Espèces en Caisse..............................		
	Total en Recettes..........		

DÉPENSES.

MOIS DE JUILLET 187 .

DATE du MOIS.	DÉTAIL DES DÉPENSES.	MONTANT des DÉPENSES.	
		fr	cent.
	Total en Dépenses............		
	Total en Recettes.........		
	Total en Dépenses.........		
	Reste en Caisse......		

Budget de famille du Fermier. – Année 187 .

RECETTES.

MOIS D'AOUT 187 .

DATE du MOIS.	DÉTAIL DES RECETTES.	MONTANT des RECETTES.	
		fr.	cent.
1	Espèces en Caisse...............................		
	Total en Recettes............		

DÉPENSES.

MOIS D'AOUT 187 .

DATE du MOIS.	DÉTAIL DES DÉPENSES.	MONTANT des DÉPENSES.	
		fr.	cent.
	Total en Dépenses............		
	Total en Recettes..........		
	Total en Dépenses..........		
	Resté en Caisse........		

Budget de famille du Fermier. — Année 187 .

RECETTES.

MOIS DE SEPTEMBRE 187 .

DATE du MOIS.	DÉTAIL DES RECETTES.	MONTANT des RECETTES.	
		fr.	cent.
1	Espèces en Caisse...............................		

Total en Recettes.............

DÉPENSES.

MOIS DE SEPTEMBRE 187 .

DATE du MOIS.	DÉTAIL DES DÉPENSES.	MONTANT des DÉPENSES.	
		fr.	cent.

Total en Dépenses.............
Total en Recettes........
Total en Dépenses........

Reste en caisse.......

Budget de famille

RECETTES.

MOIS D'OCTOBRE 187 .

DATE du MOIS.	DÉTAIL DES RECETTES.	MONTANT des RECETTES.	
		fr.	cent.
1	Espèces en Caisse........................		
	Total en Recettes...........		

du Fermier. - Année 187 .

DÉPENSES.

MOIS D'OCTOBRE 187 .

DATE du MOIS.	DÉTAIL DES DÉPENSES.	MONTANT des RECETTES.	
		fr.	cent.
	Total des Dépenses...........		
	Total des Recettes........		
	Total des Dépenses........		
	Reste en Caisse.......		

Budget de famille

RECETTES.

MOIS DE NOVEMBRE 187 .

DATE du MOIS.	DÉTAIL DES RECETTES.	MONTANT des RECETTES.	
		fr.	cent.
1	Espèces en Caisse..........................		
	Total en Recettes...........		

du Fermier. - Année 187 .

DÉPENSES.

MOIS DE NOVEMBRE 187 .

DATE du MOIS.	DÉTAIL DES DÉPENSES.	MONTANT des DÉPENSES.	
		fr.	cent.
	Total en Dépenses.............		
	Total en Recettes.........		
	Total en Dépenses........		
	Reste en Caisse......		

Budget de famille du Fermier. — Année 187 .

RECETTES.

MOIS DE DÉCEMBRE 187 .

DATE du MOIS.	DÉTAIL DES RECETTES.	MONTANT des RECETTES.	
		fr.	cent.
1.	Espèces en Caisse..............................		
	Total en Recettes............		

DÉPENSES.

MOIS DE DÉCEMBRE 187 .

DATE du MOIS.	DÉTAIL DES DÉPENSES.	MONTANT des DÉPENSES.	
		fr.	cent.
	Total en Dépenses............		
	Total en Recettes.........		
	Total en Dépenses........		
	Reste en Caisse......		

RÉCAPITULATION.

Total général des Recettes..................

Total général des Dépenses..................

Reste en Caisse....................

Pour connaître le bénéfice de l'année, il suffit de défalquer de la somme en Caisse ci-dessus.......................

La somme de ———————— en espèces portée à l'Inventaire...............................

Il restera un bénéfice de......................

FEUILLES SUPPLÉMENTAIRES DU BUDGET.

Dans les mois des grands travaux de l'année, il peut résulter que la feuille du Budget primitif soit insuffisante pour l'inscription de différentes menues dépenses occasionnées par le nombre de journaliers que le fermier appelle à son service pour la rentrée des denrées ; c'est pour ce motif que nous avons cru nécessaire de tracer quelques feuilles supplémentaires pour recevoir les sommes à y inscrire et en faire le report au total du Budget primitif du mois.

Feuille supplémentaire   du Budget de famille.

RECETTES.

Suite du mois d

DATE du MOIS.	DÉTAIL DES RECETTES.	MONTANT des RECETTES.	
		fr.	cent.

Total en Recettes à reporter au budget primitif.....

DÉPENSES.

Suite du mois d

DATE du MOIS.	DÉTAIL DES DÉPENSES.	MONTANT des DÉPENSES.	
		fr.	cent.

Total en Dépenses à reporter au budget primitif.......

Feuille supplémentaire

RECETTES.

Suite du mois d

DATE du MOIS.	DÉTAIL DES RECETTES.	MONTANT des RECETTES.	
		fr.	cent.

Total en Recettes à reporter au budget primitif......

du Budget de famille.

DÉPENSES.

Suite du mois d

DATE du MOIS.	DÉTAIL DES DÉPENSES.	MONTANT des DÉPENSES.	
		fr.	cent.

Total en Dépenses à reporter au budget primitif......

Feuille supplémentaire du Budget de famille.

RECETTES.

Suite du mois d

DATE du MOIS.	DÉTAIL DES RECETTES.	MONTANT des RECETTES.	
		fr.	cent.

Total en Recettes à reporter au budget primitif......

DÉPENSES.

Suite du mois d

DATE du MOIS.	DÉTAIL DES DÉPENSES.	MONTANT des DÉPENSES.	
		fr.	cent.

Total en Dépenses à reporter au budget primitif......

UN PEU D'ENSEIGNEMENT AGRICOLE.

On a déjà parlé bien des fois de l'Enseignement agricole dans les écoles primaires de la campagne, et ce serait un tort irréparable à l'agriculture si on venait à supprimer du programme cet utile enseignement.

Beaucoup d'instituteurs ont pris, il y a quelques années, la bonne habitude de donner aux enfants des leçons pratiques d'arpentage, ainsi que les premiers éléments de l'Enseignement agricole. Plusieurs maîtres ont conduit leurs élèves à une ferme bien tenue, en appelant, à cette occasion, leur attention sur des instruments nouveaux perfectionnés, sur les soins que réclame le bétail et sur quelques plantes récemment introduites dans le pays.

Les enfants ainsi préparés, donneront plus tard des agriculteurs distingués et s'attacheront avec plus d'ardeur aux travaux de la campagne.

Cependant je ne me fais pas illusion, je ne veux pas dire que du jour au lendemain, les habitudes seront changées ; qu'une pratique éclairée remplacera aussitôt l'aveugle routine.

On hésitera toujours à demander à des procédés nouveaux des résultats promis et dont on n'aura pas l'exemple sous les yeux à cause de la rareté des bons cultivateurs, et puis les difficultés matérielles sont là qui agissent pour leur part : c'est peut-être pour n'avoir pas assez tenu compte de ces circonstances que plusieurs sont tombés dans le découragement.

Presque tous les instituteurs appartiennent à la campagne par leur origine, et, pour la plupart, ils ont suivi des cours théoriques et pratiques d'agriculture à l'Ecole normale : aussi, je n'ai pas la prétention de leur rien apprendre ; mais en restant sur le terrain où je me suis placé, il me sera peut-être permis d'exposer les moyens qui peuvent réussir et assurer le succès de l'art agricole ; je ne les donne pas pour les meilleurs, je souhaite même que l'on puisse m'en indiquer de plus expéditifs ; mais tels qu'ils sont, je prends la liberté de les signaler.

Voici donc le programme que l'on peut établir et qu'il m'a paru nécessaire de remplir pour approprier l'enseignement agricole au village : je le divise en cinq parties, savoir :

Première partie. — *Climats et sols.*
Deuxième partie. — *Des cultures.*
Troisième partie. — *Des animaux.*
Quatrième partie. — *Arboriculture.*
Cinquième partie. — *Comptabilité agricole.*

Première partie.

Notions préliminaires de l'art agricole.

Des climats ; — des sols et des sous-sols.

Deuxième partie.

Des cultures.

Améliorations permanentes ; — drainage ; — défoncement ; Améliorations temporaires ; — irrigations ; — chaulages ; — marnages ; — fumures et cultures proprement dites.

Instruments ; — préparation de la terre ; — ensemencements ; — récoltes des prairies artificielles et naturelles ; — céréales ; — plantes sarclées et industrielles ; assolement ; — capital intellectuel ; — capital d'exploitation ; — capital d'amélioration.

Troisième partie.

Des animaux.

Objets divers du bétail ; — travail ; — engrais ; — produits commerciaux ; — lait ; — laine ; — viande ; — nourriture du bétail ; — logement et soin du bétail.

Quatrième partie.

Arboriculture.

Plantation des arbres ; — Multiplication des arbres par la greffe ; taille des arbres.

Cinquième partie.

Comptabilité agricole.

Inventaire de l'actif ; — inventaire du passif ; — budget de famille ; — décompte du fermier au manœuvre ; — gage des domestiques.

En donnant l'application aux dispositions ci-dessus, l'instituteur qui voudra enseigner pourra être assuré du succès de son enseignement.

ABOUT.

DÉCOMPTE DU FERMIER AU MANŒUVRE.

L'Inventaire du fermier et le Budget de ménage étant établis, il importe de tenir un autre compte aussi sérieux : C'est celui du *Cultivateur au Manœuvre*.

Dans le cours de chaque année le fermier est appelé à exécuter différents travaux pour le compte du manœuvre ; en compensation, celui-ci a le même devoir à remplir à l'égard du fermier ; c'est pour ce motif qu'il convient d'établir des tableaux et y inscrire, dans le cours de l'année, le détail et le prix des travaux de chacun d'eux.

Le cultivateur inscrira le détail des travaux qu'il fait au manœuvre avec le montant de l'estimation ; il en fera de même pour ceux que lui fera le manœuvre. A la fin de l'année il totalisera les colonnes et fera la balance du résultat. c'est alors qu'il reconnaîtra ce que l'un redoit à l'autre.

Suivent les formules.

Décompte du Fermier au

M. ——————————— , *fermier.*

AVOIR du fermier.

DATE des TRAVAUX.	DÉTAIL DES TRAVAUX ET A-COMPTES VERSÉS.	MONTANT des TRAVAUX.	
		fr.	cent.
	Total.........		

Manœuvre. — Année 187 .

M. ——————————— , *manœuvre.*

DOIT au manœuvre.

DATE des OUVRAGES.	DÉTAIL DES OUVRAGES.	MONTANT des OUVRAGES.	
		fr.	cent.
	Total.........		
	Balance		

Il est redû au sieur ——————— ———————— la somme de ————————

Décompte du Fermier au Manœuvre. — Année 187 .

M. . . . . . , fermier.

M. . . . . , manœuvre.

AVOIR du fermier.

DOIT au manœuvre.

DATE des TRAVAUX.	DÉTAIL DES TRAVAUX ET A-COMPTES VERSÉS.	MONTANT des TRAVAUX.		DATE des OUVRAGES.	DÉTAIL DES OUVRAGES.	MONTANT des OUVRAGES.	
		fr.	cent.			fr.	cent.
	Total.				Total.		
					Balance		

Il est redû au sieur . . . . la somme de . . . .

Décompte du Fermier au

M. _______ _______ _______, fermier.

AVOIR du fermier.

DATE des TRAVAUX.	DÉTAIL DES TRAVAUX ET A-COMPTES VERSÉS.	MONTANT des TRAVAUX.	
		fr.	cent.
	Total.........		

Manœuvre. — Année 187 .

M. _______ _______ _______, manœuvre.

DOIT au manœuvre.

DATE des OUVRAGES.	DÉTAIL DES OUVRAGES.	MONTANT des OUVRAGES.	
		fr.	cent.
	Total.........		
	Balance........		

Il est redû au sieur _______ _______ la somme de _______

Décompte du Fermier au Manœuvre. — Année 187 .

<table>
<tr><td>

M................................, fermier.

AVOIR du fermier.

DATE des TRAVAUX.	DÉTAIL DES TRAVAUX ET A-COMPTES VERSÉS.	MONTANT des TRAVAUX.	
		fr.	cent.
	Total.........		

</td><td>

M...................., manœuvre.

DOIT au manœuvre.

DATE des OUVRAGES.	DÉTAIL DES OUVRAGES.	MONTANT des OUVRAGES.	
		fr.	cent.
	Total.........		
	Balance......		

Il est redû au sieur _______________ la somme de _______________

</td></tr>
</table>

Décompte du Fermier au

M. ————————————, fermier.

AVOIR du fermier.

DATE des TRAVAUX.	DÉTAIL DES TRAVAUX ET A-COMPTES VERSÉS.	MONTANT des TRAVAUX.	
		fr.	cent.
	Total.........		

Manœuvre. — Année 187 .

M. ————————————, manœuvre.

DOIT au manœuvre.

DATE des OUVRAGES.	DÉTAIL DES OUVRAGES.	MONTANT des OUVRAGES.	
		fr.	cent.
	Total.........		
	Balance......		

Il est redû au sieur ———————— la somme de ————————

Décompte du Fermier au Manœuvre. — Année 187 .

M. ———————————, fermier.

AVOIR du fermier.

DATE des TRAVAUX.	DÉTAIL DES TRAVAUX ET A-COMPTES VERSÉS.	MONTANT des OUVRAGES.	
		fr.	cent.
	Total.........		

M. , manœuvre

DOIT au manœuvre.

DATE des OUVRAGES.	DÉTAIL DES OUVRAGES.	MONTANT des OUVRAGES.	
		fr	cent.
	Total.........		
	Balance.........		

Il est redû au sieur   la somme de

ENGAGEMENT DES DOMESTIQUES DE LA FERME.

De tous les comptes qui entrent dans les attributions du cultivateur, il en est un qu'il est bien nécessaire d'établir et auquel il faut donner l'importance qu'il réclame, pour éviter diverses contestations dans le cours de l'année : c'est *l'Engagement des Domestiques de la ferme.*

Depuis un temps immémorial on a toujours eu, à la campagne, l'habitude d'engager les domestiques à l'année , soit à partir du 25 décembre, soit au 1er janvier.

Le domestique étant installé chez le cultivateur, on l'a vu bien des fois abandonner son poste dans le cours de l'année et réclamer à son maître ce qui lui est dû pour le temps qu'il a été à son service. Il en résulte souvent des embarras lorsqu'il s'agit de régler équitablement le compte, en raison de l'époque à laquelle le domestique quitte son maître.

Le code rural, jusqu'alors, ne s'est point encore prononcé à ce sujet ; nous avons cru devoir prendre plusieurs avis près des cultivateurs les plus éclairés des environs de Nancy et établir des conditions qui pourront servir de base dans différents cas.

Comme il serait très-difficile et même impossible de donner des explications sur toutes les circonstances qui donnent lieu à la sortie d'un domestique : nous nous contenterons de dresser un tableau donnant les bases auxquelles on pourra généralement se conformer, établissant ce qui reviendra pour chaque mois de l'année au Domestique qui viendrait à quitter son maître avant l'expiration de son engagement.

Pour faire, autant que possible, disparaître à un serviteur la funeste idée de quitter son maître avant le terme, nous établissons suivant les indications qui nous sont données le prix mensuel que le cultivateur devra à son domestique pour l'année entière d'après les bases suivantes :

Un Domestique s'engageant pour une année moyennant 300 francs ; son gage mensuel s'élèverait à 25 fr. : mais les mois de chaumage ne devant pas être payés comme ceux du moment des grands travaux, il lui serait affecté, d'après les dispositions prises, les diminutions et les augmentations mensuelles suivantes : pour les mois de janvier et de février, il subirait une diminution de $\frac{5}{10}$, c'est-à-dire, au lieu de 25 francs par mois, il ne recevrait que 12 fr. 50 pour chacun de ces deux mois ; pour les mois de mars et avril, il subirait aussi une diminution de $\frac{2}{10}$ et ne recevrait que 20 fr. pour chacun de ces deux mois. Les mois de mai et juin seraient payés au pair, c'est-à-dire à 25 fr. par mois. Les mois de juillet et août seraient augmentés de $\frac{5}{10}$, ce qui élèverait son gage à 37 francs 50 cent. pour chacun de ces deux mois. Les mois de septembre et octobre seraient encore augmentés de $\frac{2}{10}$, donnant lieu à 30 francs pour chacun de ces deux mois. Enfin les mois de novembre et décembre seraient payés au pair, c'est-à-dire 25 francs par mois.

D'après ces conditions, il nous semble qu'elles sont équitables tant pour le Cultivateur que pour le Domestique. Ceux qui voudraient ne pas s'y conformer, il sera utile de le mentionner dans l'engagement que le Domestique doit signer d'après les dispositions des tableaux ci-après.

FORMULE.

Décompte du gage d'un Domestique.

M. Henry (Nicolas), âgé de 23 ans, de la commune de Rhodes, loué pour un an, du 1ᵉʳ janvier 1872 au 31 décembre même année, pour la somme de 300 francs; ce qui fait revenir le prix du mois à 25 francs, et a signé.

Nicolas HENRY.

MOIS	BASES	PRIX pour chaque mois		A-COMPTES VERSÉS.		JOURS MAN-QUANTS	PRIX des journées MANQUÉES		OBSERVATIONS.
DE L'ANNÉE.	DE COTISATION.	fr.	c.	fr.	c.		fr.	c.	
Janvier.........	Diminution $\frac{5}{10}$...	12	50	»	»	»			
Février.......	id. $\frac{5}{10}$...	12	50	»	»	»			
Mars.........	id. $\frac{2}{10}$...	20	»	5	»	2	1	30	
Avril........	id. $\frac{2}{10}$...	20	»	10	»	»			
Mai..........	Au pair........	25	»	10	»	1	»	80	
Juin.........	id.	25	»	»	»	»			
Juillet........	Augmentation $\frac{5}{10}$	37	50	20	»	2	2	50	
Août.........	id. $\frac{5}{10}$·	37	50	»	»	»			
Septembre.....	id. $\frac{8}{10}$·	30	»	15	»	1	1	»	
Octobre.......	id. $\frac{2}{10}$·	30	»	30	»	3	3	»	
Novembre.....	Au pair........	25	»	»	»	2	1	60	
Décembre.....	id.	25	»	»	»	»			
Total........		300	»				11	20	
Total...........				90					
Jours manqués..				11	20				
Total...........				101	20				

sur 300 francs, il reste dû au domestique 198 francs 80 centimes.

(1) Mentionner si on ne veut pas suivre les dispositions ci-dessus, attendu que pour les servantes les conditions ne doivent pas être les mêmes.

Décompte du gage d'un Domestique.

M. _______________________________, âgé de _______ ans, de la commune
d _______________________, loué pour __________ du __________
au _____________________ pour la somme de __________ francs, ce qui fait
revenir le prix du mois à _____ francs, et a signé.

MOIS DE L'ANNÉE.	BASE DE COTISATION.	PRIX pour chaque mois		A-COMPTES VERSÉS.		JOURS MAN-QUANTS	PRIX des journées MANQUÉES.		OBSERVATIONS.
		fr.	c.	fr.	c.		fr.	c.	
Janvier.....	Diminution $\frac{5}{10}$...								
Février.....	id. $\frac{5}{10}$...								
Mars........	id. $\frac{2}{10}$...								
Avril.......	id. $\frac{2}{10}$...								
Mai.........	Au pair........								
Juin........	id.........								
Juillet.....	Augmentation $\frac{5}{10}$								
Août.......	id. $\frac{5}{10}$								
Septembre..	id. $\frac{2}{10}$								
Octobre.....	id. $\frac{2}{10}$								
Novembre ..	Au pair........								
Décembre...	id.								
	Total.......								

Total.,........
Jours manqués.
Total......... sur .... francs, il reste dû
au domestique la somme de__________

Décompte du gage d'un Domestique.

M.   , âgé de ...... ans, de la commune
d   , loué pour .... du
au   pour la somme de .... francs, ce qui fait
revenir le prix du mois à .... francs, et a signé.

MOIS DE L'ANNÉE.	BASES DE COTISATION.	PRIX pour chaque mois.		A-COMPTES VERSÉS.		JOURS MAN-QUANTS	PRIX des journées MANQUÉES.		OBSERVATIONS.
		fr.	c.	fr.	c.		fr.	c.	
Janvier.....	Diminution $\frac{5}{10}$...								
Février.....	id. $\frac{5}{10}$..								
Mars.......	id. $\frac{2}{10}$..								
Avril	id. $\frac{2}{10}$...								
Mai........	Au pair........								
Juin.......	id.								
Juillet	Augmentation $\frac{5}{10}$								
Août.......	id. $\frac{5}{10}$								
Septembre..	id. $\frac{8}{10}$.								
Octobre	id. $\frac{2}{10}$.								
Novembre ..	Au pair........								
Décembre...	id.								
	Total.......								
	Total........								
	Jours manqués.								
	Total........								

sur .... francs, il reste dû
au domestique la somme de

Décompte du gage d'un Domestique.

M. ________________________________, âgé de ____ ans, de la commune
d ________________________, loué pour ____________ du
au ____________________ pour la somme de ________ francs, ce qui fait
revenir le prix du mois à ________ francs, et a signé.

MOIS DE L'ANNÉE.	BASES DE COTISATION.	PRIX pour chaque mois.		A-COMPTES VERSÉS.		JOURS MAN-QUANTS	PRIX des journées MANQUÉES.		OBSERVATIONS.
		fr.	c.	fr.	c.		fr.	c.	
Janvier.....	Diminution $\frac{5}{10}$...								
Février.....	id. $\frac{5}{10}$...								
Mars.......	id. $\frac{2}{10}$...								
Avril......	id. $\frac{2}{10}$...								
Mai........	Au pair........								
Juin.......	id.								
Juillet.....	Augmentation $\frac{5}{10}$								
Août......	id. $\frac{5}{10}$								
Septembre..	id. $\frac{8}{10}$								
Octobre....	id. $\frac{2}{10}$								
Novembre...	Au pair........								
Décembre...	id.								
	Total.......								
	Total........								
	Jours manqués.								
	Total........			sur			francs, il reste dû			

au domestique la somme de ________________________

Décompte du gage d'un Domestique.

M. _______________________ , âgé de _____ ans, de la commune
d _______________________ , loué pour _________ du
au _______________________ pour la somme de _________ francs, ce qui fait
revenir le prix du mois à _______ francs, et a signé.

MOIS DE L'ANNÉE.	BASES DE COTISATION.	PRIX pour chaque mois		A COMPTES VERSÉS.		JOURS MAN-QUANTS	PRIX des journées MANQUÉES.		OBSERVATIONS.
		fr.	c.	r.	c.		fr.	c.	
Janvier......	Diminution $\frac{5}{10}$...								
Février.....	id. $\frac{5}{10}$...								
Mars.......	id. $\frac{2}{10}$...								
Avril.......	id. $\frac{2}{10}$...								
Mai........	Au pair........								
Juin........	id.								
Juillet.....	Augmentation $\frac{5}{10}$								
Août.......	id. $\frac{5}{10}$								
Septembre..	id. $\frac{2}{10}$								
Octobre	id. $\frac{2}{10}$								
Novembre ..	Au pair........								
Décembre...	id.								
	Total.......								

Total.........
Jours manqués.
Total......... sur .... francs, il reste dû
au domestique la somme de ....

Décompte du gage d'un Domestique.

M. _______________________________, âgé de ____ ans, de la commune
d ________________________, loué pour _____________ du _______________
au ______________________ pour la somme de ________ francs, ce qui fait
revenir le prix du mois à ______ francs, et a signé.

MOIS DE L'ANNÉE.	BASES DE COTISATION.	PRIX pour chaque mois		A-COMPTES VERSÉS.		JOURS MAN- QUANTS	PRIX des journées MANQUÉES		OBSERVATIONS.
		fr.	c.	fr.	c.		fr.	c.	
Janvier.....	Diminution $\frac{5}{10}$ ..								
Février.....	id. $\frac{5}{10}$ ..								
Mars.......	id. $\frac{2}{10}$ ..								
Avril.......	id. $\frac{2}{10}$ ..								
Mai........	Au pair........								
Juin.......	id.								
Juillet	Augmentation $\frac{5}{10}$								
Août.......	id. $\frac{5}{10}$								
Septembre..	id. $\frac{2}{10}$								
Octobre	id. $\frac{2}{10}$								
Novembre ..	Au pair........								
Décembre...	id.								
	Total.......								
	Total........								
	Jours manqués.								
	Total........			sur		____ francs, il reste dû				

au domestique la somme de

TABLEAUX POUR LA SAILLIE DES ANIMAUX DE LA FERME.

—

Avant de terminer notre travail de Comptabilité agricole, nous avons cru être de plus en plus utile au Cultivateur en établissant des tableaux pour la Saillie des animaux de la ferme ; seulement pour les trois espèces principales, savoir : Chevaline, Bovine et Porcine.

Le Cheval porte ordinairement 11 mois, ce qui correspond à 330 jours, mais il y a certaines Juments qui devancent ce terme, comme il y en a d'autres qui le dépassent de quelques jours ; mais en général on peut se fixer pour l'ordinaire à 330 jours.

La Vache porte habituellement 294 jours, ce qui correspond à 42 semaines ; il y a en a aussi qui devancent ou qui dépassent ce terme de quelques jours ; mais on peut généralement se fixer sur 294 jours.

Chez la Truie, il y a beaucoup plus de régularité ; elle porte sans variation 113 jours.

Comme il arrive fréquemment que le Cultivateur n'a plus à sa mémoire l'époque des Saillies des animaux de ses écuries, et ne sait plus au juste le moment où les élèves de reproduction doivent naître, c'est dans ce but que nous établissons les tableaux d'après les dispositions suivantes :

TABLEAU DE L'ESPÈCE CHEVALINE.

NOM ET RACE de LA JUMENT (1).	DATE de LA SAILLIE.	DATE de LA NAISSANCE DES ÉLÈVES.	RACE DE L'ÉTALON de reproduction (1).

(1) Race Lorraine — Anglaise — Arabe — Mecklembourgeoise — Normande — Limousine — Percheronne — Ardenaise — Boulonnaise,

TABLEAU DE L'ESPÈCE BOVINE

NOM ET RACE de LA VACHE (1).	DATE des SAILLIES.	DATE de NAISSANCE DES ÉLÈVES	RACE DU TAUREAU reproducteur (1).

(1) Race Lorraine — Vosgienne — Schwitz — Suisse (Fribourg) — Femeline (Franche-Comté) — Charolaise (Durham) — Normande — Bretonne.

TABLEAU DE L'ESPÈCE PORCINE.

RACE de LA TRUIE (1).	DATE des SAILLIES.	DATE de NAISSANCE DES ÉLÈVES.	RACE DU VERRAT reproducteur (1).

(1) Race Lorraine — Craonaise — Anglaise — Essex et Berg-Schire — Tonkine.

REMARQUES

A inscrire sur les Phénomènes et Incidents survenus dans le cours de l'année : gelée, grêle, pluie, sécheresse, incendie. Prix des denrées et autres.

TABLE.

FIN.

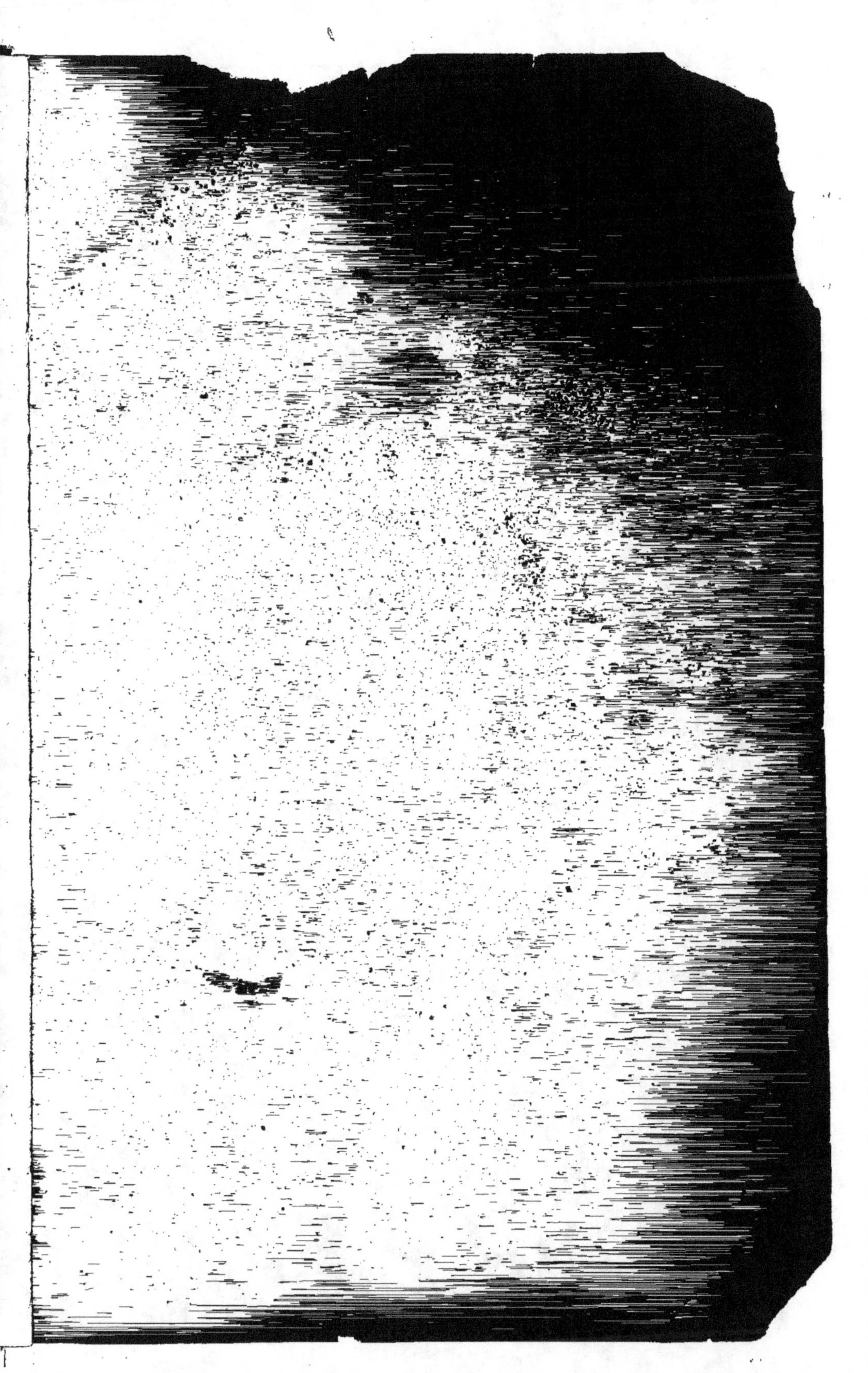

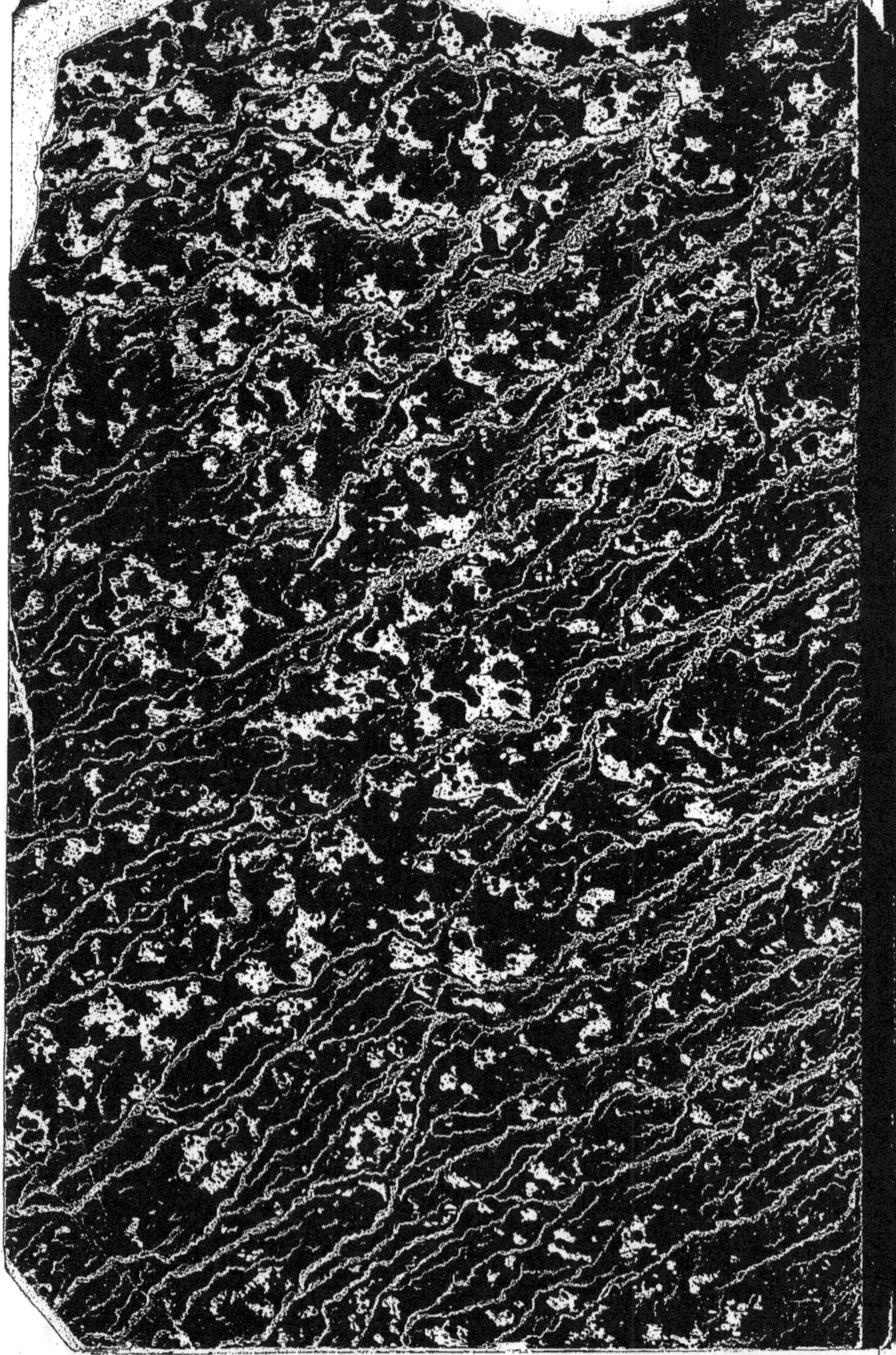

www.ingramcontent.com/pod-product-compliance
Lightning Source LLC
Chambersburg PA
CBHW061317060726
47596CB00003B/934